DU PROJET

D'UNE

DISTRIBUTION GÉNÉRALE D'EAU

DANS PARIS.

OUVRAGE DU MÊME AUTEUR,

CHEZ LE MÊME LIBRAIRE.

ESSAI SUR LES MOYENS DE CONDUIRE, D'ÉLEVER ET DE DISTRIBUER LES EAUX; 2 volumes, dont un de planches; prix, 36 fr.

IMPRIMERIE DE LACHEVARDIERE,
RUE DU COLOMBIER, N. 30, A PARIS.

DU PROJET

D'UNE

DISTRIBUTION GÉNÉRALE D'EAU

DANS PARIS,

CONSIDÉRÉ SOUS LE RAPPORT FINANCIER;

PAR M. GENIEYS,

INGÉNIEUR DES PONTS ET CHAUSSÉES,

ATTACHÉ AU SERVICE DE LA DISTRIBUTION DES EAUX DANS PARIS.

PARIS,

CHEZ CARILIAN-GOEURY, LIBRAIRE,

QUAI DES AUGUSTINS, N° 41.

M DCCC XXX.

INTRODUCTION.

L'entreprise d'une distribution générale d'eau dans Paris est regardée par les capitalistes comme une spéculation douteuse, si l'on en juge par le peu d'empressement qu'ils ont montré jusqu'à ce jour à s'en occuper. Et cependant c'est au milieu d'une population nombreuse, active, dans une ville où les progrès de l'industrie et de la civilisation rendent nécessaire à un plus grand nombre la jouissance de tout ce qui peut contribuer au bien-être de la vie, que le besoin d'une grande abondance d'eau se fait le plus sentir. L'administration l'a pensé en voyant les demandes qui lui étaient adressées par les habitans; et ce n'est que pour hâter le moment où ils pourraient jouir de ce qu'elle regardait dans sa sollicitude comme un bienfait, qu'elle a résolu de confier la continuation des travaux aux soins et aux efforts de l'industrie particulière.

Elle a d'abord publié un simple avant-projet du cahier des charges, afin de rendre les transactions plus faciles, en sollicitant à l'avance les objections du public. Ensuite elle a confié à une commission prise dans le sein du conseil municipal, l'examen des observations envoyées et la rédaction d'un cahier des charges qui plus tard a subi d'importantes modifications dans les discussions successives qui ont eu lieu au conseil d'état, avant qu'il fût soumis à la sanction royale.

Ce qui distingue surtout le cahier des charges définitif de ceux qui l'ont précédé, c'est que les travaux ne seront plus exécutés d'après les projets dont l'administration à fait faire les études à ses frais. On s'est contenté d'indiquer *l'effet utile* à produire, en laissant à la compagnie concessionnaire toute la responsabilité des moyens qu'elle emploira pour assurer le succès de ses opérations. Les capitalistes sauront sans doute s'entourer de personnes capables de rédiger de nouveaux projets; mais comme je puis apprécier par expérience combien il leur faudra de temps pour recueillir tous les renseignemens nécessaires, et que, d'un autre côté, la connaissance des avances à faire et des revenus présumés est indispensable en ce moment pour juger si l'entreprise est bonne ou mauvaise; j'ai pensé qu'il serait toujours utile d'examiner la question sous le rapport de l'art et sous le rapport financier.

J'ai déjà présenté quelques vues sur ces deux parties essentiellement distinctes du problème. Mais dans la note publiée en 1827, il ne s'agissait que de faire sentir les avantages qu'offrirait une distribution d'eau de Seine à domicile, en réservant toute l'eau du canal de l'Ourcq pour les fontaines publiques; et dans l'Essai publié en 1829, mon intention principale était d'offrir l'ensemble des connaissances actuelles sur l'hydraulique appliquée à la distribution des eaux. Maintenant que les projets dont j'avais indiqué les bases sont terminés, que le cahier des charges qui renferme toutes les conditions du marché est définitivement arrêté, que l'on possède tous les élémens de la question, on peut l'envisager sous toutes ses faces et prouver que les *avances* à faire ne dépasseront pas la somme de 20,000,000 de fr., fixée par l'administration; que le *produit net* de la vente des eaux sera plus que suffisant pour en couvrir les *intérêts*, que les habitans pourront recevoir à *domicile* le volume *d'eau filtrée* nécessaire à tous les besoins, sans augmenter la *rétribution annuelle* qu'ils paient aujourd'hui; en un mot, que l'entreprise est empreinte d'un caractère d'utilité publique capable de la faire prospérer.

Je me contenterai de traiter aujourd'hui la question financière; plus tard je reviendrai sur la question d'art, ce qui comprendra les projets, et sur la question de la salubrité ou de la filtration des eaux.

DU PROJET

d'une

DISTRIBUTION GÉNÉRALE D'EAU

DANS L'INTÉRIEUR DE PARIS,

CONSIDÉRÉ SOUS LE RAPPORT FINANCIER.

———◈———

La ville de Paris a résolu d'abandonner à une compagnie la jouis-sance de tous les établissemens qui composent le service actuel des eaux et de lui concéder le droit exclusif, pendant la durée de quatre-vingt-dix-neuf ans, de placer des conduites sous le sol des rues pour en opérer la distribution, aux clauses et conditions suivantes (1):

1° La compagnie se chargera de l'exécution et de l'entretien, à ses frais et risques, d'un système de conduites capables de porter dans les différentes rues 2,000 pouces d'eau de Seine (38,390 kilolitres en vingt-quatre heures).

2° Elle se chargera également de l'exécution et de l'entretien de tous les ouvrages nécessaires pour terminer la distribution, aux fontaines publiques, des 4,000 pouces d'eau de l'Ourcq réunis dans le bassin de la Villette.

3° Sur la quantité d'eau de Seine qu'elle élèvera, la compagnie sera tenue d'en fournir gratuitement 300 pouces, qui seront employés soit à l'alimentation des fontaines gratuites qui existent dans Paris, soit au service des bâtimens communaux, hospices, maisons de charité, colléges, casernes, prisons, etc., et 62 pouces 63 lignes qui seront spécialement

(1) Ces conditions sont extraites du cahier des charges, présenté par le conseil muni-cipal, discuté et modifié au conseil d'état, sur le rapport de M. Paulze d'Yvoy, maître des requêtes, et définitivement approuvé par l'ordonnance royale en date du 23 dé-cembre 1829.

affectés au service de toutes les concessions particulières gratuites auxquelles la ville peut être tenue en vertu d'anciens titres.

4° La ville met à la disposition de la compagnie 500 pouces des eaux de l'Ourcq.

5° Le prix des eaux de Seine et de l'Ourcq fournies aux particuliers, ne pourra excéder 5,000 francs le pouce.

6° Enfin la compagnie paiera à la ville de Paris une redevance annuelle évaluée aux dix centièmes du produit brut de la vente des eaux.

L'adjudication sera faite à la compagnie qui aura offert le plus de centièmes au-dessus de ce *minimum*, qui servira de mise à prix.

Nous nous proposons d'apprécier quels sont en général les *avantages* et les *charges* que doit offrir l'exécution d'un système de distribution d'eau à domicile. Pour cela nous évaluerons, d'un côté le *volume* d'eau qui pourra être consommé dans Paris, et par suite le *produit brut* de la vente de ces eaux; de l'autre, le montant des *dépenses* annuelles de toute nature, et nous conclurons de leur comparaison, si l'entreprise est possible, c'est-à-dire si le *produit net* de la vente des eaux est capable de faire ressortir à un taux raisonnable les *intérêts* du capital, qui représente les avances à faire par la compagnie.

ÉVALUATION

DU PRODUIT BRUT DE LA VENTE DES EAUX.

L'évaluation de la quantité d'eau nécessaire pour satisfaire les besoins d'une population déterminée, ne peut guère se faire d'une manière précise, parceque ces besoins sont très multipliés et qu'ils se modifient dans les différentes localités.

Considérée comme un objet de première nécessité, l'eau est employée dans les maisons à la boisson, à la cuisson des alimens et aux usages domestiques les plus indispensables. Cette partie de la consommation est fixe et peu considérable, elle doit se calculer dans une ville à raison du nombre des habitans.

Considérée comme un objet de luxe, l'eau est destinée au lavage des appartemens, des lieux d'aisance, des cours, des voitures, des boutiques et des trottoirs; au service des bains particuliers et publics; à l'arrosement des jardins, des rues et des places; à une foule d'opérations industrielles, dans les blanchisseries, les papeteries, les teintureries, les brasseries, etc.

Cette partie de la consommation est plus grande et ne peut se calculer que d'après le nombre des maisons. Elle dépend essentiellement de la nature du climat et de l'état plus ou moins avancé de l'industrie et de la civilisation.

A Paris, la consommation d'eau de Seine et de l'Ourcq vendue aux particuliers n'est que de 200 *pouces* (1) environ, et à Londres la quantité d'eau fournie par les compagnies est de 7,000 *pouces*.

Si l'on compare la dépense d'eau à la population, on trouve qu'à Paris elle est de 5 litres (1 $^{gall.}$ 10) par jour et par personne, et à Londres de 80 litres (17 $^{gall.}$ 62).

Ce seul rapprochement suffit pour montrer que l'eau vendue à Paris par les porteurs d'eau ne représente que la consommation de *première nécessité*.

---

(1) Le *pouce* de fontainier représente l'écoulement uniforme et continu de 19,195 litres en 24 heures.

La *ligne* équivaut à $\frac{1}{11}$. du pouce.

Tout le monde sait, en effet, qu'il y a des puits dans la plupart des maisons, et que c'est de là que l'on tire les eaux destinées aux usages qui en exigent une grande quantité A Londres, au contraire, les compagnies fournissent *toute l'eau consommée*, et s'il y a quelque puits dans des maisons ou sur des places, on n'y puise que l'eau destinée à la boisson.

Si l'on compare la dépense d'eau au nombre des maisons, on trouve qu'à Paris elle est *d'une ligne* (133 litres en 24 heure = 29,gall. 3o) par maison, et à Londres de *cinq lignes* (665 litres en 24 heures = 146,gall. 5o).

Ce deuxième rapport diffère comme on voit de beaucoup du premier, puisque l'un est de 5 à 8o, ou de 1 à 16; et l'autre de 1 à 5.

Cela vient de ce qu'à Londres la population est disséminée dans un grand nombre de maisons. Il n'en existe pas moins de *deux cents mille* pour une population de 1,200,000 habitans; ce qui fait 6 personnes par maison; le nombre de celles qui sont desservies par les compagnies est de 176,000.

A Paris, le nombre total des maisons n'est que de 29,472, pour une population de 800,000 habitans; et le terme moyen des habitans de chaque maison est de 27.

Cette différence dans la répartition de la population sur la surface du sol d'une ville, en amène nécessairement une dans les habitudes, et ne nous fait sentir que davantage la nécessité d'établir une distinction entre la consommation d'eau que l'on peut appeler en quelque sorte *personnelle*, puisqu'elle dépend du nombre des habitans, et la consommation extraordinaire, qui dépend plus particulièrement de la manière dont on est logé.

L'exemple de Paris, où la première est distincte, montre qu'on peut la fixer à 5 litres par individu, ce qui fait, eu égard au nombre des maisons, *une ligne* par maison.

L'exemple de Londres montre que la seconde est de 45o litres par maison ou de 3 lignes ½ environ.

Nous en conclurons que la consommation totale à Paris s'élèvera ou plutôt pourra s'élever à 4 *lignes par maison*, équivalent à 8oo pouces de fontainier; ce qui fait *un pouce par mille habitans*.

Lorsqu'une compagnie aura établi un système général de conduites pour fournir l'eau à domicile, lui prendra-t-on toute celle qui sera nécessaire à la consommation, ou continuera-t-on à s'approvisionner d'une partie par des porteurs d'eau et à élever l'autre des puits au moyen des pompes ?

La solution de cette question ne peut guère se fonder que sur des probabilités.

Le produit brut de la vente des 200 pouces d'eau qui sont livrés aujourd'hui à la consommation s'élève à la somme de 4,265,756 francs.

Sur cette somme la ville perçoit 643,000 fr. pour la vente qu'elle fait aux fontaines marchandes, et le surplus forme le salaire des porteurs d'eau; cela ne doit pas étonner, puisque l'eau qu'ils paient à raison de 9 centimes l'hectolitre ou 6,305 francs le pouce, est ensuite livrée aux particuliers à raison de 10 centimes la voie (23 litres) ou de 30,462 francs le pouce.

Une compagnie qui aurait une consommation assurée de 4 lignes par maison, ou de 800 pouces pour Paris, réaliserait en les livrant à 5,000 francs le pouce (prix fixé par le cahier des chargés,) un revenu de 4,000,000 de fr., qui serait plus que suffisant pour solder tous les frais, ainsi que nous le verrons plus loin : d'où l'on voit qu'il ne s'agit point d'augmenter les dépenses que font aujourd'hui les habitans pour se procurer l'eau, de prélever sur eux un nouvel impôt, mais de leur procurer le précieux avantage d'user à discrétion de l'eau de la Seine, de l'obtenir sans déplacement et sans l'intermédiaire d'aucun agent, moyennant la rétribution annuelle que paie aujourd'hui chaque ménage.

Il ne faut pas cependant se dissimuler que l'on aura des résistances à vaincre, des obstacles à surmonter. Les uns viendront des habitudes, qu'on ne parvient à modifier que par l'action lente du temps ; les autres prendront leur source dans des préventions que dicte l'intérêt. Les propriétaires des maisons, par exemple, ne se résoudront que difficilement à faire des distributions intérieures aux différens étages. Ils craindront les dégâts que peuvent causer l'humidité, soit qu'elle provienne d'une fuite ou de la négligence des locataires.

Ces objections sont fondées ; mais elles ne sont pas assez fortes pour faire naître des doutes sur le succès de la distribution.

La plus grande partie de l'eau s'emploiera au rez-de-chaussée, parceque c'est là que se trouvent les ateliers, les boutiques, en un mot tous les grands établissemens. La pose d'une conduite ne peut offrir aucun

2.

inconvénient grave dans cette partie d'une maison, et l'on préfèrera sans doute un robinet versant une eau potable, à une pompe qui n'élève que des eaux privées de toutes les qualités qui les rendraient profitables à l'industrie. Cet avantage une fois obtenu, les locataires des étages supérieurs désireront en jouir également; et ils finiront par exiger du propriétaire qu'il leur fournisse l'eau par un écoulement constant et déterminé.

Le succès de l'entreprise est essentiellement fondé sur ce nouveau mode d'approvisionnement. Tant que l'on aura besoin de quelqu'un pour se procurer de l'eau, ne serait-ce que pour la monter de quelques marches, on n'en étendra pas l'usage, et l'on préfèrera l'acheter aux porteurs d'eau actuels. Mais il est si facile, d'un autre côté, de placer des réservoirs dans la partie la plus élevée d'une maison, pour en dériver toute l'eau nécessaire aux besoins de ses habitans, et de prévenir les inconvéniens qui résulteraient de l'humidité, qu'il suffira sans doute de quelques exemples pour dissiper les craintes des propriétaires et pour les éclairer sur leurs véritables intérêts (1). Qu'on ne perde pas de vue seulement qu'on renoncera plutôt à d'anciennes habitudes quand on aura moins de frais à faire pour en contracter de nouvelles; de manière que l'intérêt de la compagnie et celui des particuliers concourent, dans de certaines limites, à faire baisser le plus possible le prix de l'eau.

(1) On construit, dans la rue Saint-Lazare, en face de la rue des Trois-Frères, un ensemble de maisons formant ce qu'on appelle en Angleterre un *square*, où les eaux seront distribuées à tous les étages dans les différens appartemens.

ÉVALUATION

DES AVANCES A FAIRE PAR LA COMPAGNIE.

Pour évaluer d'une manière précise les avances de la compagnie, il faut d'abord estimer la dépense de *première exécution* et celle de *l'entretien annuel*. Cette évaluation est essentiellement du ressort de l'art, et l'on peut admettre que celle qui est présentée par MM. les ingénieurs de la ville, repose sur des bases assez certaines pour qu'on n'ait pas à craindre de mécomptes.

Les 4,000 pouces que la ville s'est réservé le droit de prendre, dans toutes les saisons, au bassin de la Villette, par son traité du 19 avril 1818 avec la compagnie des canaux de l'Ourcq et de Saint-Denis, sont destinés aux fontaines monumentales et à l'arrosement des rues. Leur distribution s'effectue au moyen d'un système de conduites indépendant de celui des eaux de Seine. Les dépenses qui restent à faire pour cet objet sont évaluées à la somme de 6,000,000 (1), ci. . . 6,000,000 fr.

Le projet qu'on a rédigé pour l'établissement d'un système de conduites susceptibles d'opérer à domicile une distribution de 2,000 pouces d'eau de Seine, s'élève à la somme de 14,000,000, déduction faite de 1,500,000, représentant la valeur des conduites actuelles d'eau de Seine qui ne devront pas resservir (2), ci. . . 14,000,000 fr.

La ville ne donne ces évaluations qu'à titre de renseignemens, et ne prétend pas imposer les deux projets à la compagnie. Elle fournit simplement pour les eaux de l'Ourcq un état indiquant le volume d'eau à porter sur chaque point, et la hauteur à laquelle ces eaux devront dégorger par la pression naturelle.

Pour les eaux de Seine, elle indique, d'une part, que la compagnie sera tenue d'établir dans toutes les rues existantes, et successivement dans toutes celles qui seront formées dans l'enceinte actuelle de Paris, des tuyaux destinés aux ventes d'eau par le moyen de distributions dans

---

(1 et 2) On justifiera ces évaluations en traitant la question d'art.

les propriétés particulières, d'un diamètre suffisant pour satisfaire à toutes les demandes qui seront faites; et, d'une autre part, que le volume des eaux de Seine destinées aux consommations particulières ne pourra être réduit, et devra être toujours de 2,000 pouces au moins.

Enfin la compagnie sera tenue d'avoir terminé tous les ouvrages de l'entreprise, savoir : ceux qui concernent le service public, dans le délai de neuf années; et ceux qui concernent le service particulier, dans le délai de douze années; et ce, à dater du jour où l'approbation de l'adjudication lui aura été notifiée.

Quoique nous ayons reconnu que *le maximum de la consommation des eaux de Seine ne sera probablement que de 8oo pouces*, nous admettons cependant que les conduites pourront en distribuer 2,000, c'est-à-dire que nous adopterons l'évaluation présentée par la ville, afin que nos prévisions ne puissent être, dans aucun cas, au-dessous des dépenses affectives.

Cela posé, nous allons présenter l'évaluation des dépenses annuelles qui auront lieu.

1° AU COMMENCEMENT DE L'ENTREPRISE.

Frais d'entretien des ouvrages existans, dont la valeur est fixée à 10,000,000 de fr., à raison de 1 pour °/₀ (1). ci.   100,000 fr.

Frais de combustibles pour élever 4oo pouces d'eau, dont 100 pour les fontaines marchandes, et 3oo pour le service des établissemens publics et concessions particulières gratuites, à 25o fr. le pouce (2), ci.   100,000

Frais d'administration, personnel, etc.   100,000

Dixième du produit brut à prélever par la ville, réglé à   64,3oo

TOTAL. . . .   364,3oo fr.

(1) La valeur des ouvrages de fontainerie exécutés pour la distribution des eaux de l'Ourcq, est de 2,000,000 de fr. La dépense annuelle en travaux d'entretien est de 20,000 fr., ou de 1 p. °/° du capital employé. Cette proportion ne pourra que diminuer, parcequ'on a apporté des améliorations dans le système de pose des conduites.

(2) On suppose qu'une machine à vapeur consomme 9 kilogrammes de charbon par

Le revenu cédé par la ville à la compagnie était de 643,000 fr., il existera un excédant de 278,700 fr. On pourra donc faire un emprunt de 5 à 6 millions pour commencer l'éxécution des deux systèmes de distribution des eaux de la Seine et de l'Ourcq, et se créer une nouvelle source de revenus.

En choisissant de préférance les quartiers où le manque d'eau se fait le plus sentir, on ne doute pas que la consommation particulière ne s'élève de 100 à 300 pouces au bout de quelques années, produisant un revenu brut de 1,500,000 fr. De manière qu'on n'avancera jamais de capitaux sans que les fonds qui devront en servir les intérêts n'aient été réalisés d'avance.

2° PENDANT LA DURÉE DES TRAVAUX.

Frais d'entretien des ouvrages existans, comme ci-dessus.	100,000 fr.
Frais de combustibles pour élever les 300 pouces d'eau réservés par la ville.	75,000
Frais de combustibles pour élever les 300 pouces qu'on suppose devoir être livrés à la consommation.	75,000
Frais d'administration, personnel, etc. (1).	250,000
$\frac{1}{10}$ du produit brut à prélever par la ville.	150,000
Total. . . .	650,000

Le produit brut de la vente des eaux étant alors de 1,500,000 fr. , il restera 850,000 fr. pour solder les intérêts des sommes successivement émises, et dont le capital s'élèvera en définitif, à la fin des travaux, à 20,000,000 de fr. ; ce qui permettra de donner au moins 5 p. °/₀.

heure et par cheval, ou qu'un kilogramme de charbon produit 60 unités dynamiques.

D'après ce compte, chaque cheval de vapeur consomme dans un an 39,420 kilogrammes de charbon ; lesquels, à 0,05 c. le kilogramme, font 1,970 fr. passé à 2,000 fr.

Il faut une force de 250 chevaux pour élever 2,000 pouces : ce qui fait une dépense de 500,000 fr. , ou de 250 fr. par pouce.

(1) Les frais d'administration doivent nécessairement augmenter pendant la durée des travaux. On les a fixés à 250,000 fr., qui comprennent 100,000 f. pour l'administration proprement dite, 90,000 fr. pour la surveillance des constructions, et 60,000 pour la perception.

3° APRÈS L'EXÉCUTION DES TRAVAUX ET PENDANT LE DURÉE DE LA CONCES-
SION.

Frais d'entretien des ouvrages existans et de ceux créés
par la compagnie, évalués ensemble à la somme de
30,000,000 de francs, à raison de 1 p. °/₀. . . . . 300,000 fr.
Frais de combustibles pour élever les 300 pouces
d'eau réservés par la ville.   75,000
Frais de combustibles pour élever les 800 pouces
d'eau qu'on suppose devoir être distribués à domicile. . 200,000
Frais d'administration, personnel, etc. 250,000
Dixième du produit brut à prélever par la ville de
Paris, réglé à. 400,000
Dotation de l'amortissement, en supposant la durée
de quatre-vingt-dix ans, et le taux de l'intérêt de 4 p.°/₀(1).   24,155
                                    Total. . . . . 1,249,155 fr.

La consommation d'eau s'augmentera après l'exécution du système
complet de distribution, et lorsqu'on sentira tous les avantages d'en
jouir à discrétion à domicile, elle pourra s'élever, d'après nos prévisions,
à 800 pouces, produisant un revenu brut de 4,000,000 de fr.

La dépense annuelle n'étant alors que de 1,249,155 fr., il restera un
excédant de 2,750,845 fr., qui portera les intérêts du capital employé
à 13 fr. 75 cent. p. °/₀.

Si la compagnie ne vendait que 600 pouces d'eau, le dividende serait
de 10 fr. 40 cent. p. °/₀.

Si elle n'en vendait que 400 pouces, ce qui est peu probable, le dividende resterait encore de 7 fr. 05 cent. p. °/₀.

Ce qui prouve que l'entreprise d'une distribution générale d'eau
dans l'intérieur de Paris, présente aux capitalistes des chances de succès,
quoiqu'elle tende à assurer aux habitans la jouissance d'un volume

(1) Si la dotation de l'amortissemeet était de 100,000 fr., la durée se réduirait à cin-
quante-six ans, et l'intérêt du capital employé resterait encore de 13 fr. 37 c. pour °/°.

d'eau quatre fois plus grand que celui qu'ils consomment aujourd'hui, sans toutefois augmenter de beaucoup leurs dépenses (1).

On n'a compris dans l'évaluation présumée de 20,000,000 de fr. que le montant des avances à faire pour l'établissement des conduites destinées, soit au service particulier, soit au service public; et on a supposé par conséquent que les propriétaires des maisons viendraient se brancher sur les conduites placées sous le sol des rues, lorsqu'ils voudraient obtenir une concession. Mais la valeur de tous ces tuyaux de branchement doit nécessairement apporter une influence sur le produit de la vente des eaux, et nous allons, pour ne laisser aucun doute à cet égard, la comprendre dans l'estimation totale.

Les frais de tuyaux et de réservoirs, pour porter et recueillir au rez-de-chaussée et aux deux premiers étages d'une maison, toute l'eau nécessaire à la consommation, peuvent être évalués à la somme 1,500 fr., représentant une dépense annuelle de 75 fr.

(1) *TABLEAU indiquant le taux de l'intérêt ou dividende des 20,000,000 de fr. à dépenser par la compagnie, dans différentes hypothèses relatives au prélèvement à faire par la ville et à la consommation de l'eau.*

NOMBRE de centièmes du produit brut à prélever par la ville.	TAUX DE L'INTÉRÊT EN SUPPOSANT					OBSERVATIONS.
	Toutes les maisons abonnées, ou une consommation à domicile de 800 pouces.	¾ des maisons abonnées, ou une consommation à domicile de 600 pouces.	½ des maisons abonnées, ou une consommation à domicile de 400 pouces.	⅓ des maisons abonnées, ou une consommation à domicile de 267 pouces.	¼ des maisons abonnées, ou une consommation à domicile de 200 pouces.	
centièmes.	pour o/o.	pour o/o.	pour o/o.	pour o/o.	pour o/o.	Dans la supposition où, après l'établissement d'un système complet de distribution des eaux de la Seine, on continuerait à s'approvisionner aux porteurs d'eau de toute l'eau nécessaire à la consommation, le dividende serait encore de un pour cent.
10	13,75	10,40	7,05	3,63	2,80	
11	13,55	10,24	6,93	3,54	2,75	
12	13,35	10,08	6,81	3,47	2,66	
13	13,15	9,92	6,69	3,39	2,59	
14	12,95	9,76	6,57	3,31	2,52	
15	12,75	9,60	6,45	3,23	2,45	

3

Le prix de l'abonnement de chaque maison, se composera de :
4 lignes d'eau, à raison de 5,000 fr. le pouce. . . . . 139 fr.
Intérêt du capital dépensé pour la distribution intérieure. .   75

                           Total. . . . . 214 fr.

Le nombre d'habitans étant moyennement de 26,67, cela fera 8 fr. pour chacun d'eux.

Nous avons vu que la quantité d'eau qui se consomme maintenant dans chaque maison est *d'une ligne*, et que la dépense totale est de 4,265,756 fr., ou de 5 fr. 33 cent. par habitant. Ainsi, moyennant une augmentation de 2 fr. 67 cent., on recevrait quatre fois plus d'eau. Cette différence de dépenses serait encore moins sensible si l'on prenait en considération les frais qui résultent de l'emploi des pompes et des puits établis dans les maisons, pour suppléer aux fournitures faites par les porteurs d'eau (1).

L'affaire peut être présentée sous cet autre point de vue qui en fera mieux sentir tous les avantages.

Nous avons vu,

1° Que le montant des dépenses à faire, tant pour le service particulier que pour le service public, était de 20,000,000, ci. . . . . 20,000,000 fr.

2° Que le montant des dépenses annuelles, y compris les frais d'entretien, d'administration, de combustibles et d'amortissement, était de 850,000 francs, ce qui représente un capital de 17,000,000 à raison de 5 p. %, ci. 17,000,000

3° Que la redevance de la ville pourrait s'élever à 400,000 francs, ce qui représente, au même taux, un capital de 8,000,000, ci. 8,000,000

                            TOTAL   45,000,000

---

(1) M. Benoiston, de Châteauneuf, dans ses recherches sur les consommations de tout genre de la ville de Paris, en 1817, évalue :

Le nombre des maisons à.   26,000
Le nombre des habitans à.   713,966
Les dépenses d'eau à. . . . . 6,200,000 fr.
La quantité de voies d'eau livrées à la consommation à. . . 169,390

Il résulte de ces données que la consommation d'eau, dans chaque maison, est *d'une*

4° Que le nombre des maisons dans Paris est de *trente mille* environ.

5° Que la consommation actuelle de chacune d'elles est de *une ligne* (133 litres en 24 heures) ou de 200 *pouces* d'eau pour tout Paris.

6° Enfin que le produit brut de la vente de ces 200 *pouces*, faite par les porteurs d'eau, est de 4,265,756 francs, ou moyennement de 142 fr. par maison.

Supposons maintenant que la compagnie adjudicataire de la vente des eaux émette 30,000 actions de 1,500 francs chacune , et que chaque propriétaire de maison prenne une action.

On réalisera le fonds qui représente les dépenses annuelles et celles de première exécution.

Supposons de plus que ces mêmes propriétaires renoncent au dividende ou intérêt de leurs actions, sous la condition qu'ils recevront à domicile l'eau nécessaire à la consommation, et que nous avons évaluée à quatre lignes par maison pour tout Paris.

La compagnie pourra fournir évidemment, moyennant cet abandon, le volume d'eau dont il s'agit pendant quatre-vingt-dix-neuf ans.

Nous conclurons qu'en faisant le sacrifice d'une somme de 1,500 fr. *payable en douze ans* (1), ce qui fait 125 fr. par an, tout propriétaire de maison pourrait avoir, pendant la durée de quatre-vingt-dix-neuf ans la jouissance de quatre lignes d'eau.

Tandis qu'aujourd'hui on est tenu de payer *tous les ans* 142 fr. pour avoir la jouissance d'une ligne d'eau.

Et qu'on remarque bien, que par cette opération, non seulement les eaux de la Seine arriveraient en abondance dans les maisons, mais que les 4,000 pouces d'eau de l'Ourcq, que l'on est forcé de rejeter maintenant dans la Seine par les canaux de Saint-Denis et Saint-Martin, jailliraient sur les places, sur les promenades et sur tous les points culminans de rue.

Nous aimons à croire que de si grands avantages seront appréciés, et que l'on s'empressera de seconder les vues du conseil municipal de la ville de Paris, puisqu'elles doivent avoir pour résultat :

ligne, et que la dépense par habitant est de 8 fr. 68 c. La compagnie livrerait, pour ce même prix, un volume d'eau quatre fois plus grand.

(1) Il faudrait ajouter à cette somme celle de 1,500 fr. pour distribuer les eaux dans la maison, ce qui porterait en définitive à 3,000 fr. la dépense à faire par chaque propriétaire.

De diminuer les dépenses que font aujourd'hui les habitans pour se procurer de l'eau ;

D'augmenter néanmoins leur volume, de manière qu'il puisse satisfaire à tous les besoins, et contribuer à l'embellissement et à l'assainissement de la ville ;

De jeter dans la circulation 20,000,000 de fr. qui serviront à soulager la classe ouvrière et à ranimer l'industrie ;

De montrer enfin ce que peut la puissance de l'association lorsqu'on la dirige vers un but d'utilité publique et particulière.

Si les spéculateurs ne répondent pas à l'appel que la ville vient de faire, elle devrait former un emprunt de 20,000,000 de fr., et se charger de diriger elle-même les travaux, en se réservant toutes les chances de profit qui y sont attachées. Dans l'état actuel du crédit, la ville pourrait négocier l'emprunt à 4 p. °/°, et, si on suppose que la dotation de l'amortissement soit de 1 p. °/°, ce qui en porte la durée à quarante ans, elle n'aurait à servir annuellement qu'une somme de 1,000,000 de fr., et, en y ajoutant les dépenses d'entretien relatives à la distribution, celle de 1,500,000 fr. Or, le revenu pouvant s'élever jusqu'à 4,000,000 de fr., on voit combien l'opération lui serait avantageuse.

Après le remboursement de l'emprunt, la ville aurait la facilité, ou de diminuer le prix de l'eau, dans l'intérêt des habitans, ou d'en consacrer le produit à d'autres améliorations. L'exécution d'un système complet d'égouts, qui se composerait de plusieurs égouts principaux et de branches secondaires se ramifiant dans toutes les rues, formerait le complément nécessaire de celui de la distribution des eaux, et assurerait à M. le préfet de la Seine, qui depuis long-temps s'occupe de ces deux projets, la même reconnaissance qui s'attache aux noms de ceux à qui l'on doit les aqueducs et les cloaques de Rome.